BEI GRIN MACHT SICH IHR WISSEN BEZAHLT

AF173547

- Wir veröffentlichen Ihre Hausarbeit, Bachelor- und Masterarbeit

- Ihr eigenes eBook und Buch - weltweit in allen wichtigen Shops

- Verdienen Sie an jedem Verkauf

Jetzt bei www.GRIN.com hochladen und kostenlos publizieren

Jan C. Kuschnerow

Aus der Reihe: e-fellows.net stipendiaten-wissen

e-fellows.net (Hrsg.)

Band 12

Anwendung ökonomischer Bewertungsmethoden in der Verfahrensentwicklung

GRIN Verlag

Bibliografische Information der Deutschen Nationalbibliothek:

Die Deutsche Bibliothek verzeichnet diese Publikation in der Deutschen National-
bibliografie; detaillierte bibliografische Daten sind im Internet über http://dnb.d-
nb.de/ abrufbar.

Impressum:

Copyright © 2011 GRIN Verlag GmbH
Druck und Bindung: Books on Demand GmbH, Norderstedt Germany
ISBN: 978-3-640-94281-7

Dieses Buch bei GRIN:

http://www.grin.com/de/e-book/173954/anwendung-oekonomischer-bewertungs-
methoden-in-der-verfahrensentwicklung

GRIN - Your knowledge has value

Der GRIN Verlag publiziert seit 1998 wissenschaftliche Arbeiten von Studenten, Hochschullehrern und anderen Akademikern als eBook und gedrucktes Buch. Die Verlagswebsite www.grin.com ist die ideale Plattform zur Veröffentlichung von Hausarbeiten, Abschlussarbeiten, wissenschaftlichen Aufsätzen, Dissertationen und Fachbüchern.

Besuchen Sie uns im Internet:

http://www.grin.com/

http://www.facebook.com/grincom

http://www.twitter.com/grin_com

GESELLSCHAFT DEUTSCHER CHEMIKER

Anwendung ökonomischer Bewertungsmethoden in der
Verfahrensentwicklung

Abschlussarbeit

zum

Geprüften Projektmanager Wirtschaftschemie (GDCh)

Jan C. Kuschnerow
aus Braunschweig
2011

wirtschafts
chemie

Inhaltsverzeichnis:

Abstract:

The replacement of traditional catalysts by Ionic Liquids ("IL") has a potential to improve the transesterification, which is a key reaction which is applied in industry in large scale[1][2]. In this study the economic perspectives are figured out by tools of strategic analysis and project management. Recent research activities have shown up the suitability of an IL catalyzed transesterification process in a miniplant reactor which provides results that are suitable for scale-up[3].

1. Motivation:

In dieser Seminararbeit wird eine Verfahrensumstellung auf ihre Wirtschaftlichkeit untersucht. In vorangegangenen Untersuchungen hat sich die Verfahrensumstellung als machbar und potentiell ökologisch vorteilhaft erwiesen. An dieser Stelle sollen Alt- und Neuverfahren hinsichtlich ihrer Wirtschaftlichkeit verglichen werden. Anschließend soll die Machbarkeit der industriellen Implementierung aufgezeigt und mit Methoden strategischer Analyse eine passende Firma gefunden werden. Schließlich wird ein Projektplan für die Einführung des Neuverfahrens erstellt.

2. Untersuchtes Verfahren:

Die Umesterungsreaktion ist ein industriell in großem Maßstab angewandtes Standardverfahren, welches vor allem in der Produktion von Biokraftstoff oder Lösungsmitteln von Bedeutung ist. Die Umesterung wird derzeit mit basischen Katalysatoren betrieben, die jedoch nicht geeignet ist, wenn Restmengen von Wasser und freiem organischen Säuren vorhanden sind [4]. Ziel des Projektes ist die Einführung saurer Ionischer Flüssigkeiten als Katalysatoren, die hinreichend rezyklierbar (Abbildung 1) sowie annähernd so leistungsfähig wie die Standardkatalysatoren sind.

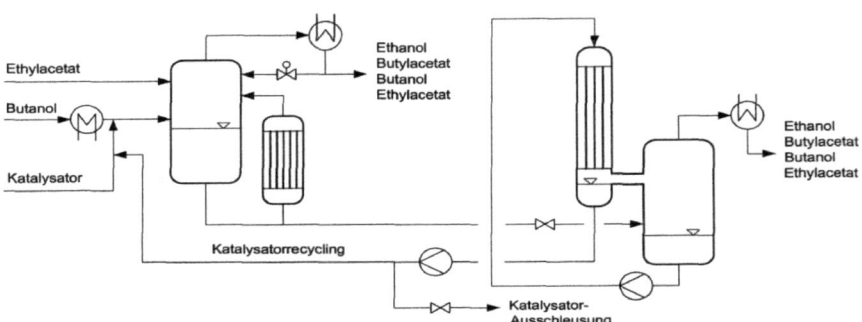

Abb. 1: Fließbild des Zielverfahrens.

In vorangegangenen Forschungsarbeiten ist stellvertretend die kinetisch gut untersuchte Umesterung von Ethylacetat und Butanol als Modellreaktion behandelt worden[5][6], siehe Abbildung 2

Abb. 2: Modellreaktion der Umesterung.

Im Zuge dieser Forschungsarbeiten konnte die Ionische Flüssigkeit 1-Methyl-3-(4-sulfinoxy)butyl-1H-imidazol-3-ium Methylsulfonat (MIMBS-EtSO₃) als geeigneter Katalysator ermittelt werden. Die Reaktion konnte im Miniplant Maßstab sowohl im Batch- als auch im kontinuierlichen Betrieb realisiert werden. Die Leistungsdaten der herkömmlichen Fahrweise wurden dabei erreicht[3][6][7]. Die im Miniplantreaktor ermittelten Befunde sind repräsentativ für Großanlagen, da die Versuchsanlage aufgrund ihrer Vermischungseigenschaften und Geometrie scale-up fähig ist, siehe Abbildung 3.

Abb. 3: Miniplantreaktor.

Zudem ist es gelungen, in einer Rektifikationskolonne im Labormaßstab eine reaktionsintegrierte Stofftrennung zu realisieren. Simulationen mit der Software ChemCAD® haben aufgezeigt, dass eine kontinuierliche Prozessführung mit reiner Produktgewinnung machbar ist. In Recyclingversuchen wurde gezeigt, dass die Ionische Flüssigkeit für mindestens 1.000 Betriebsstunden eine konstante hohe katalytische Leistung aufweist.

Stoffstromanalysen ergeben, dass das Neuverfahren das Potential hat, umweltverträglicher zu sein als das Altverfahren.

Das Neuverfahren hat zudem ebenfalls das Potential, ökonomisch vorteilhaft zu sein, da ein wiederverwendbarer Katalysator verwendet wird. Die Anwendung der Reaktivdestillation ermöglicht eventuell Einsparungen an den Anlagenkosten und die Verwendung eines sauren Katalysators ermöglicht den Einsatz von Altfetten für die Biokraftstoffsynthese, da im Gegensatz zum basischen Umesterungsmechanismus keine Selektivitätsprobleme auftreten.

3. Methoden:

3.1 Ökonomischer Vergleich:

Für den ökonomischen Vergleich der beiden Verfahren wird das Neuverfahren ökonomisch bewertet und die Herstellungskosten für eine Mengeneinheit Produkt berechnet. Hierbei werden Investitionskosten in die Produktionsanlage sowie Personal-, Material- und Energiekosten berücksichtigt. Für den Vergleich dient das in Anhang A dargestellte Modell des Produktionsprozesses von Butylacetat in einer kontinuiertlichen Reaktivreaktifikation. In Anhang B sind die für die Wirtschaftlichkeitsbewertung relevanten Prozessparameter und Anlageneigenschaften aufgelistet.

3.2 Strategische Analyse:

Für das Neuverfahren zur Herstellung wird eine geeingete anwendende Firma ermittelt. Beispielhaft sollen im Rahmen dieser Seminararbeit die Firmen BASF SE, Merck KGaA und Evonik Industries AG auf Eignung als Anwender geprüft werden. Dies geschieht zunächst mittels Vergleich mit Kernkompetenzen und Zielsetzung der Firmen, sowie einem Abgleich mit den Produktportfolios der Firmen.

Ist eine Firma ermittelt, wird eine Risikoanalyse mit dem Modell der „Porter 5 Forces"[8] und einer SWOT Analyse erstellt[9].

3.3 Projektplanung:

Im Anschluss an die Auswahl einer geeigneten Firma und der Abschätzung des Risikos wird ein Projektplan zur industriellen Implementierung des Verfahrens erstellt. Im ersten Schritt wird das Vorhaben in überschaubare Arbeitspakete unterteilt und diese fest den teilnehmenden Projektpartnern zugeteilt. Nach der darauffolgenden Ermittlung der Abhängigkeiten der Arbeitspakete voneinander wird ein Zeitplan in Form eines Balkendiagrammes erstellt[10].

4. Analysen:

4.1 Ökonomische Bewertung des Neuverfahrens:

Für die Bewertung des Neuverfahrens wird ein industrielles Produktionsverfahren (Anlage A) modelliert. Anhand der Stoffdaten und reaktionstechnischer Ergebnisse aus vorangegangenen Arbeiten werden die Anlagenkomponenten ausgelegt und deren Eigenschaften bestimmt (Anlage B). Die in dem betreffenden Forschungsprojekt (DBU AZ 27370-31) involvierten Partnerfirmen Merck KGaA und BMA AG haben Daten über Material-, Energie- und Anlagenkosten geliefert.

4.1.1: Benchmark:

Butylacetat wird derzeit mit einem Preis von 1.400 €/kg bis 1.600 €/t gehandelt. [11]

4.1.2: Personalkosten:

Die Personalkosten einer Produktionsanlage sind unabhängig von der Produktionsmenge[12]. Für eine auf einem Chemiegelände integrierte Anlage wird von einem 4-Schicht Modell mit 2 Anlagenbedienern pro Schicht ausgegangen. Hinzu kommen 0,5 Stellen für Mess-, Steuer- und Regelungstechnik, 1 Laborantenstelle, 1 Schlosserstelle und 1 Betriebsingenieur. Sowie 0,2 Stellenanteile Betriebsleiter. In der Summe ergeben sich 11,7 Stellen die mit gemittelten jährlichen Personalkosten von 100.000 €/a in die Berechnung eingehen[11].

→ *1.170.000 €/a*

Für eine Standalone Anlage sind 1,8 Mio €/a anzunehmen[11].

→ *1.800.000 €/a*

4.1.3: Material- und Energiekosten:

Kosten der Edukte / Erlöse der Nebenprodukte:

Für die Produktion von 100.000 t/Jahr Butylacetat mit der in Abbildung 2 angegebenen Modellreaktion ergeben sich die in Tabelle 1 dargestellten Materialverbräuche und -produktionen:

Tabelle 1: Stöchiometrie der Reaktion.

Edukte	Verbrauch [t/a]	Produkte	Produktion [t/a]
Ethylacetat	75.844	*Ethanol*	39.650
Butanol	63.766	*Butylacetat*	100.000

Die Materialkosten zur Produktion von 100.000 t/a Butylacetat betragen:

Materialkosten = Kosten (Ethylacetat) + Kosten (Butanol) – Erlöse (Ethanol)

Materialkosten = (75.844 t/a * 1.100 €/t) + (63.766 * 1.300 €/t) – (39.659 * 1.200 €/t)

➔ *Materialkosten = 114.767.700 €/a = 1.147,68 €/t (Butylacetat)*

Kosten für Katalysatoren:

Die Produktion von 100.000 t Butylacetat erfordert bei einer Katalysatorkonzentration von 2,5 mol % 27 t MIMBS-EtSO$_3$. Ferner wird eine Rezyklierbarkeit des Katalysators von 500 Betriebszyklen, so wie eine Betriebsdauer des Katalysators von 2 Stunden pro Zyklus angenommen. Bei derzeitigen Kosten für Ionische Flüssigkeiten von 100 – 1.000 €/kg würden die jährlich anfallenden Kosten für den Katalysator bei 2.700.000 - 27.000.000 € liegen. (27 – 270 € pro Tonne Butylacetat). Es ist jedoch zu erwarten dass sich die Kosten für die neuartige Stoffklasse der Ionischen Flüssigkeiten auf 25 – 50 €/kg verringern werden. Ionische Flüssigkeiten werden noch im Labormaßstab „on demand" produziert. Bei steigender technischer Relevanz für Ionische Flüssigkeiten und dem darauffolgenden wachsenden Bedarf würden diese großtechnisch produziert werden.

Die Kosten für die Katalysatoren lägen dann bei:

➔ *Katalysatorkosten = 675.000 – 1.350.000 €/a = 6,75 – 13,5 €/t (Butylacetat)*

Kosten für Energie:

Für die Kalkulation der Energiekosten werden die Funktionen der Anlagenkomponenten betrachtet (Tabelle 2). Die Preise für Energie entstammen einer Anfrage im Hause Merck KGaA

Tabelle 2: Ermittlung des Energiebedarfes.

Anlage	Funktion	Energieeintrag	Leistung [kW]	Preis [€/t] (BuAc)
B	Pumpe	elektrisch	80	0,67
E	Pumpe	elektrisch	2,6	0,02
G	Pumpe	elektrisch	10,7	0,09
M	Pumpe	elektrisch	5,2	0,04
J	Pumpe	elektrisch	43,3	0,36
S	Pumpe	elektrisch	14,3	0,12
R	Pumpe	elektrisch	23,4	0,20
W	Pumpe	elektrisch	2,6	0,02
C	Heizen	Dampf	57,1	0,48
L	Kühlen	Kühlwasser	25,2	0,22
K	Heizen	Dampf	29,5	0,12
O	Heizen	Dampf	24,3	0,10
T	Kühlen	Kühlwasser	94,3	0,82
U	Kühlen	Kühlwasser	10,3	0,09
H	Kolonne [12]	Dampf/Kühlwasser	---	3,12
P	Verdampfer	Dampf	140	0,57
SUMME				**66,44**

Die Material- und Energiekosten sind proportional zur Produktionsmenge:

Einsparpotential besteht in den Produktionskosten durch die Möglichkeit der Wärmeintegration, da die aufzubringende Kühlleistung etwa der aufzubringenden Heizleistung entspricht. Nicht berücksichtigt sind hierbei mögliche Verbundeffekte mit Nachbaranlagen auf dem gleichen Gelände eines Chemiewerkes. Zudem könnte das Nebenprodukt Ethanol möglicherweise in anderen Anlagen veredelt, anstatt am Markt verkauft zu werden.

➔ *Energiekosten = 6.644.000 €/a = 66,44 €/t (Butylacetat)*

Einsparpotential bei den Energiekosten besteht am Verdampfer „P" laut Fließschema. Gelänge es, ein Immobilisationskonzept zu entwickeln, dass die Ionische Flüssigkeit in der Kolonne in einer definierten Reaktionszone hält ließe sich der Rohrbündelverdampfer einsparen, da dieser einzig der Rückgewinnung des IL Katalysators dient. Zudem entfällt der Recyclingstrom inklusive der zum Betrieb von drei Pumpen, einem Behälter mit Rührwerk und zwei Plattenwärmeübertrager notwendigen Energie. Das Einsparpotential beträgt 92.000 €/a

➔ *Einsparung = 92.000 €/a = 0,92 €/t (Butylacetat)*

Ein zweiter Ansatzpunkt der Energieeinsparung ist die Wärmeintegration. Hierzu wird vereinfachend angenommen, dass die Abwärme kühlender Wärmeübertrager zur Beheizung der heizenden Wärmeübertrager genutzt wird. Für die hier vorgenommenen Berechnungen wird angenommen, dass 75 % dieser Abwärme genutzt werden kann.

➔ *Einsparung = 106.000 €/a = 1,06 €/t (Butylacetat)*

4.1.4: Anlagenkosten:

Aus dem Modellverfahren ergibt sich folgende Stückliste (Tabelle 3). Die Preise stammen aus einer An die Braunschweigische Maschinenbauanstalt (BMA) gestellte Anfrage für eine Kapazität von 10.000 t/Jahr, die mit dem Ansatz

$$Investkosten_2 = Investkosten_1 \cdot \left(\frac{Kapazität_2}{Kapazität_1} \right)^{0,66}$$

auf eine Kapazität von 100.000 t/a (Butylacetat) umgerechnet werden[12]. Die Anlagenkosten werden über 20 Jahre abgeschrieben.

Tabelle 3: Ermittlung der Anlagenkosten.

Bezeichnung	Einzelpreis	Anzahl	Summe (10000 jato)	Summe (100000 jato)
Behälter (bis 1 m³)	5.000 €	1	5.000 €	22.580 €
Behälter (15 – 25 m³)	20.000 €	3	60.000 €	274.200 €
Behälter mit Rührwerk (bis 1 m³)	10.000 €	1	10.000 €	45.700 €
Kreiselpumpen (bis 2 m³/h)	10.000 €	6	60.000 €	274.200 €
Kreiselpumpen (bis 4 m³/h)	12.000 €	1	12.000 €	54.840 €
Wärmeübertrager 6 m²	24.000 €	4	96.000 €	438.720 €
Wärmeübertrager 12 m²	48.000 €	2	96.000 €	438.720 €
Rohrbündelverdampfer 50 m²	100.000 €	1	100.000 €	457.000 €
Kolonne 40 Böden, 18m, 2 m Durchmesser	250.000 €	1	250.000 €	1.142.500 €
SUMME Schätzwert Ausrüstungen			689.000 €	3.138.360 €

Schätzwert Rohrleitungen (29 % der Ausrüstungen)[13]	199.810 €	913.053 €
Schätzwert MSR (36 % der Ausrüstungen)[13]	248.040 €	1.133.445 €
Schätzwert Montage (48 % der Ausrüstungen)[13]	330.720 €	1.511.260 €
Schätzwert Planungsleistung	300.000 €	300.000 €
Schätzwert Gebäude, Stahlbau, Fundamente (50 % der Ausrüstungen)[13]	344.500 €	1.574.230 €
SUMME Schätzwert Installationskosten	2.112.070 €	8.580.448 €
SUMME Schätzwert Installationskosten + Unsicherheiten	3.000.000 €	12.500.000 €
SUMME Schätzwert Installationskosten + Abnahme + Sicherheit	3.750.000 €	**15.500.000 €**

➔ *Anlagenkosten = 775.000 €/a = 7,75 €/t (Butylacetat)*

Einsparpotential bei den Anlagenkosten besteht am Verdampfer „P" laut Fließschema. Gelänge es, ein Immobilisationskonzept zu entwickeln, dass die Ionische Flüssigkeit in der Kolonne in einer definierten Reaktionszone hält ließe sich der Rohrbündelverdampfer einsparen, da dieser einzig der Rückgewinnung des IL Katalysators dient. Zudem entfällt der Recyclingstrom inklusive drei Pumpen, einem Behälter mit Rührwerk und zwei Plattenwärmeübertrager. Das Einsparpotential beträgt 4.236.729 €

➔ *Einsparung = 211.836 €/a = 2,11 €/t (Butylacetat)*

4.1.5: Gesamtbewertung:

Tabelle 4: Wirtschaftliche Gesamtbewertung des Modellverfahrens.

Position	Kosten [€/a]	Kosten [€/t] (Butylacetat)
Personal	1.170.000	11,70
Material	114.767.700	1.147,68
Katalysator	675.000	6,75
Energie	664.000	6,64
Anlagenkosten	775.000	7,75
SUMME	118.051.700	1180,52
Einsparung Anlagenkosten	- 211.836	2,12
Einsparung Wärmeintegration	- 106.000	1,06
Einsparung Energie	- 92.000	0,92
SUMME	**117.641.864**	**1176,42**

Tabelle 4 stellt die Berechnung der Einzelpositionen zu einem Gesamtpreis dar. Hieraus ergibt sich, das Butylacetat nach dem Modellverfahren wirtschaftlich produziert werden kann. Als Benchmark der Verfahrensbewertung gilt in dieser Untersuchung ein Marktpreis von Butylacetat von 1.400 – 1.600 €/t.

4.2 Strategische Analyse:

4.2.1 Diskussion einer geeigneten Firma für die Anwendung des Neuverfahrens

Die Umesterung ist typische Reaktion in großmaßstäbigen Verfahren, in denen Bulkprodukte produziert werden, z.B. technische Lösungsmittel oder Biodiesel. Die Firma Merck KGaA versteht sich als Hersteller kleinmaßstäbig produzierter Spezialchemikalien und Pharmazeutika und möchte an diesem Portfolio festhalten, weswegen das untersuchte verfahren hier am wenigsten in das Konzept passt[14]. Durch die im Jahr 2008 erfolgte Akquise der Firma „Solvent Innovation GmbH" ist Merck KGaA einer der wichtigsten Hersteller und Entwickler für Ionische Flüssigkeiten geworden, was diese Firma als Hersteller des Katalysators interessant macht.

Die Firma Evonik Industries AG besteht aus den den Geschäftsbereichen Chemie, Energie und Immobilien. Zukünftig wird sich Evonik auf den Bereich Chemie konzentrieren und den Bereich Energie unter eigenem Dach weiterführen. Evonik versteht sich selbst ebenfalls als Spezialchemieunternehmen. Im Bereich Energie liegt der Schwerpunkt auf effiziente Kraftwerke für fossile Energieträger, Lithium Ionen Speicher und die Nutzung von Biomasse[15]. Die großtechnisch betriebene Umesterung würde an dieser Stelle in das Produktportfolio passen wenn das Verfahren für die Produktion von Biodiesel weiterentwickelt wird. Vorteilhaft für Evonik ist die firmeneigene Produktpalette, die sowohl Körperpflegeprodukte als auch Ionische Flüssigkeiten enthält. Dadurch gibt es einen firmeninternen Abnehmer für das bei der Biodieselherstellung anfallende Glycerin. Da zu erwarten ist, dass der Markt für Biodiesel wachsen wird, wird auch mehr Glycerin als Nebenprodukt anfallen, was dementsprechend schwieriger zu verkaufen ist. In dem Fall sind die Firmen im Vorteil, die es firmenintern veredeln können. Evonik ist ebenfalls potentiell in der Lage, die Umesterungskatalysatoren selbst herzustellen.

Die BASF SE versteht sich als generalistisch ausgerichtetes Chemieunternehmen und legt besonderen Schwerpunkt auf Verbundwirtschaft[16]. Eine bei der BASF installierte Produktionsanlage muss demzufolge in die Umgebung integrierbar sein.

Im Gegensatz zu Evonik kann die BASF dieses verfahren direkt übernehmen, da das Butylacetat zu den in der Produktpalette der BASF enthaltenen Farben verarbeitet werden kann. Auch bei der BASF könnten die als Katalysator benötigten Ionischen Flüssigkeiten hergestellt werden. Sollte das Verfahren für die Herstellung von Biodiesel ertüchtigt werden, würde dies ebenfalls in die propagierte Vision „Weg vom Öl, hin zu nachwachsenden Rohstoffen" passen, da die Umesterung den Weg von pflanzlichen Inhaltsstoffen zu Energieträgern oder Synthesebausteinen erschließen kann. Durch die 2010 erfolgte Übernahme der Firma Cognis GmbH ist nun ebenfalls eine firmeninterne Verwendung für anfallendes Glycerin möglich. Da mittels Wärmeintegration eine signifikante Einsparung an Energie erfolgen kann ist für diesen Prozess die Integration in einen Produktionsverbund zu empfehlen.

Zusammenfassend lässt sich feststellen dass als anwendende Firma am ehesten die BASF SE infrage kommt. Als Katalysatorlieferant sollten jedoch alle drei genannten Firmen berücksichtigt werden, da Ionische Flüssigkeiten in den nächsten Jahren erst den Weg zur großtechnischen Anwendung gehen werden und noch nicht abzusehen ist, wer die Kostenführerschaft übernehmen wird.

4.2.2 Strategische Bewertung nach dem Modell „Porter 5 Forces"

Abbildung 4 zeigt die strategische Bewertung nach dem Modell „Porter 5 Forces". Die wesentlichen Kernpunkte sind Risiken durch geringe Produktdifferenzierungen sowohl für die Herstellung von Butylacetat als auch von Biokraftstoff, da es sich bei beiden Produkten um genormte bzw. Grundchemikalien handelt. Diese Produkte sind anfällig für die Konkurrenz seitens Anbietern aus Niedriglohnländern. Ferner basiert der Synthesebaum technischer Lösungsmittel wie Ester auf Erdöl dessen Preis starken Schwankungen unterliegt.

Zukünftige Konzepte müssten mittelfristig dahin zielen, sowohl Kraftstoffe als auch technische Lösungsmittel aus Biomassequellen herzustellen die nicht in Konkurrenz zur Nahrungsmittelindustrie stehen. Hierzu kämen Cellulose oder Altfette in Frage.

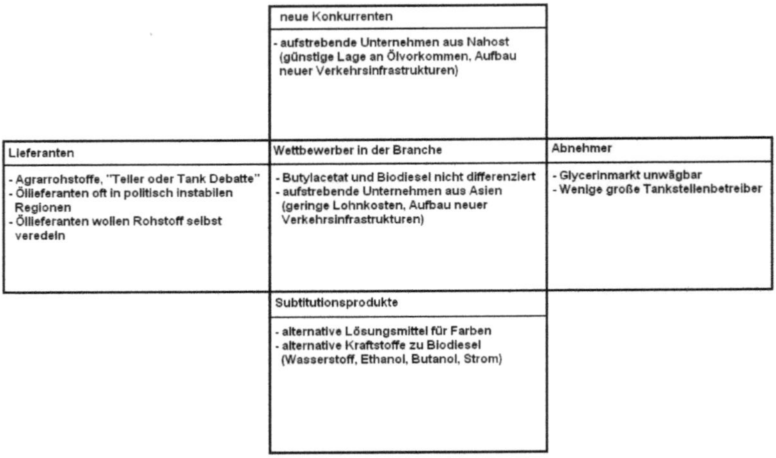

neue Konkurrenten
- aufstrebende Unternehmen aus Nahost (günstige Lage an Ölvorkommen, Aufbau neuer Verkehrsinfrastrukturen)

Lieferanten	Wettbewerber in der Branche	Abnehmer
- Agrarrohstoffe, "Teller oder Tank Debatte" - Öllieferanten oft in politisch instabilen Regionen - Öllieferanten wollen Rohstoff selbst veredeln	- Butylacetat und Biodiesel nicht differenziert - aufstrebende Unternehmen aus Asien (geringe Lohnkosten, Aufbau neuer Verkehrsinfrastrukturen)	- Glycerinmarkt unwägbar - Wenige große Tankstellenbetreiber

Subtitutionsprodukte
- alternative Lösungsmittel für Farben   - alternative Kraftstoffe zu Biodiesel (Wasserstoff, Ethanol, Butanol, Strom)

Abb. 4: Strategische Bewertung nach dem Modell: „Porter 5 Forces".

4.2.3 Strategische Bewertung mit der SWOT Analyse

Abbildung 5 zeit die Strategische Analyse nach der SWOT („stregths" – „weaknesses" – „opportunities" – „threats") für die Nutzung des Verfahrens durch ein europäisches großes Chemieunternehmen dar. Die wesentlichen Herausforderungen ist die Abwehr der wesentlichen Risiken seitens der Rohstoffversorgung und konkurrierenden Unternehmen durch globale Präsenz und die durch die eigene Größe erzielten Skaleneffekte. Dies lässt sich nur mittelfristig durchhalten, da aufstrebende Konkurrenten aus Asien und dem arabischen Raum in Größe und globaler Präsenz aufschließen werden. Die fernere Zukunft des Unternehmens muss mit lokal zugänglichen erneuerbaren Rohstoffen und Energien gesichert werden. Die in dieser Untersuchung erstellte Kostenanalyse legt eine Priorisierung der Umstellung Rohstoffquellen nahe.

unternehmensexterne Faktoren / unternehmensinterne Faktoren	Chancen: - wachsende Märkte für Biodiesel sowie Farben und Lacke (Schwellenländer) - Substitution fossiler Kraftstoffe ist politisch gewollt	Risiken: - Bulkchemikalien unterstehen besonderem Kostendruck - Noch ist unklar welcher Energieträger Fossile Brennstoffe ersetzen werden
Stärken: - Synergien im Verbundstandort - Größe / Economy of Scale - Globale Präsenz	- Größe, Synergieeffekte und Globale Präsenz ermöglichen es, schnell in Märkte einzutreten - Globale Präsenz ermöglicht es, Lieferanten zu wechseln und neue Märkte zu erschließen	- Wenn Konkurrenten versuchen nachzuziehen, lässt sich mittels Größe/Marktanteil Kostenführerschaft wahren - Wenn Märkte wegbrechen, können Produkte im Verbundsystem weiterverarbeitet werden um ganz andere Märkte zu bedienen
Schwächen: - nur indirekten Zugang zum Öl - Overhead / Hierarchie / Lange Kommunikationswege	- firmeninterne Bürokratie könnte Markteintritte zu langsam geschehen lassen. Kleine und mittelständische Konkurrenten vor Ort könnten schneller sein	- Instabile Ölversorgung / Ölkrisen können Kostenführerschaft gefährden. z.b. Verlagerung der Rohstoffströme richtung Konkurrenten.

Abb. 5: Strategische Bewertung mit der SWOT Analyse.

4.3 Projektplan der Einführung des Neuverfahrens:

Tabelle 5 zeigt einen Projekt für die Implementierung des Verfahrens im Unternehmen. Im Wesentlichen sind es drei Handlingsstränge, von denen Anlagenprojektierung und –bau den kritischen Pfad bilden. Mit Abschluss des Detail Engineering kann mit der Personalsuche und –schulung begonnen werden. Bis zur Inbetriebnahme muss die Anlage stehen, die Mitarbeiter geschult sein und der Lieferant der Katalysator IL gefunden werden.

Tabelle 5: Projektplan zur Implementierung des Verfahrens

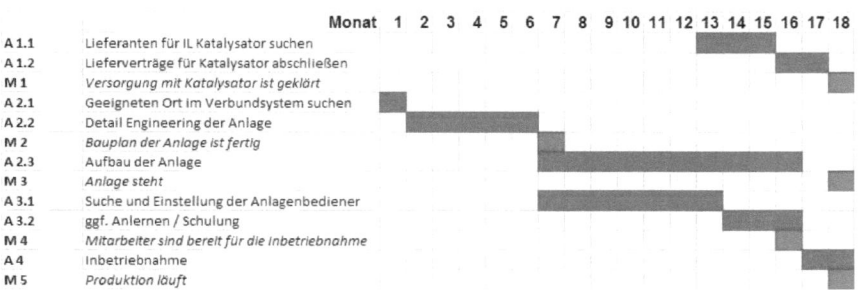

15

5. Zusammenfassung und Ausblick:

Die Produktion von Butylacetat kann in dem in Anhang A skizzierten Modellverfahren wirtschaftlich betrieben werden. Die Ausgangsmaterialien der nehmen den dominierenden Anteil der Kosten ein. Die Einspareffekte an Anlagen und Energie spielen eine geringe Rolle, was sich bei drastisch steigenden Energiekosten ändern kann. Aufgrund der hohen Risiken, sollte ein solches Verfahren, in dem Bulkchemikalien erzeugt werden in der westlichen Welt im Verbund mit anderen Produktionsstätten laufen, da die reine Materialwertschöpfung eher gering ist.

Literatur:

[1] Korth, W., (2003) *Zur Veresterung und Umesterung mit Ionischen Flüssigkeiten*, Dissertation, RWTH Aachen

[2] Sivasamy, A., Cheah, K. Y., Fornasiero, P., Kemausuor, F., Zinoviev, S., Miertus, S., (2009), *Catalytic Applications in the Production of-o Biodiesel from Vegetable Oils*, ChemSusChem, Vol. 2 No.4, S. 278-300.

[3] Kuschnerow, J. C., Titze-Frech, K., Wasserscheid, P., Scholl, S., (2011), *Application of Ionic Liquids as homogeneous catalyst for the transesterification in miniplant scale*, Poster, 44. Jahrestreffen Deutscher Katalytiker und Jahrestreffen Reaktionstechnik, Weimar

[4] Lotero, E., Liu, Y., Lopez, E.D., Suwannakarn, K., Bruce, D. A., Goodwin Jr., J. G., (2005) *Ind. Eng. Chem. Res. 44*, S. 5353-5363

[5] Schmidt, J., Reusch, D., Elgeti, K., Schomäcker, R., (1999) *Chemie Ingenieur Technik, 71*, 7, S. 704-708

[6] Kuschnerow, J. C., Wasserscheid, P., Scholl, S., (2008), *Einsatz Ionischer Flüssigkeiten in der Reaktivdestillation am Beispiel der säurekatalysierten Umesterung*, Chemie Ingenieur Technik, *80* No. 9, S. 1388 – 1389

[7] Kuschnerow, J. C., Titze-Frech, K., Wasserscheid, P., Scholl, S., (2011) *Untersuchungen der homogen katalysierten Umesterung in einem scale-up fähigen Miniplant - Naturumlaufverdampfer*, Poster, Jahrestreffen der ProcessNet-Fachausschüsse Extraktion, Fluidverfahrenstechnik, Mehrphasenströmungen und Phytoextrakte – Produkte und Prozesse, Fulda

[8] Porter, M. E., (1980), *Competitive Strategy. Techniques for Analyzing Industries and Competitors*, Free Press, New York, USA

[9] Simon, H., von der Gathen, A., (2002), *Das große Handbuch der Strategie – Instrumente*, S. 222, campus verlag, Frankfurt, Germany, New York, USA

[10] Kwade, A., Joost, B., (2006) *Skriptum zur Vorlesug Anlagenbau*, TU Braunschweig

[11] Kommunikation mit den Projektpartnern Merck KGaA und BMA AG

[12] Scholl, S., (2008) Skript zur Vorlesung „*Design verfahrenstechnischer Anlagen*"; TU Braunschweig

[13] Blass, E. (1997), *Entwicklung verfahrenstechnischer Prozesse*, 2. Auflage, S. 565 ff., Springer Verlag, Berlin, Heidelberg, Germany

[14] Geschäftsbericht 2009, Merck KGaA, Darmstadt

[15] Geschäftsbericht 2009, Evonik Industries AG, Essen

[16] BASF Bericht 2009, BASF SE, Ludwigshafen